全国技工院校制冷设备运用与维修专业（中/高级技能层级）

制冷基本操作技能

（第三版）习题册

董韶峰　主编

中国劳动社会保障出版社

简介

本习题册是全国技工院校制冷设备运用与维修专业教材（中/高级技能层级）《制冷基本操作技能（第三版）》的配套用书。本习题册紧扣教学要求，按照教材章节顺序编排，知识点分布均衡，题型丰富多样，难易配置适当，有助于学生复习巩固所学知识。

本习题册由董韶峰主编，朱芬、李松柏参加编写。

图书在版编目（CIP）数据

制冷基本操作技能（第三版）习题册/董韶峰主编. --北京：中国劳动社会保障出版社，2019
全国技工院校制冷设备运用与维修专业. 中/高级技能层级
ISBN 978-7-5167-4009-5

Ⅰ. ①制… Ⅱ. ①董… Ⅲ. ①制冷工程-中等专业学校-习题集 Ⅳ. ①TB6-44

中国版本图书馆 CIP 数据核字(2019)第 123415 号

中国劳动社会保障出版社出版发行
（北京市惠新东街 1 号 邮政编码：100029）
*
北京市艺辉印刷有限公司印刷装订 新华书店经销
787 毫米×1092 毫米 16 开本 3.5 印张 83 千字
2019 年 7 月第 1 版 2019 年 7 月第 1 次印刷
定价：7.00 元

读者服务部电话：（010）64929211/84209101/64921644
营销中心电话：（010）64962347
出版社网址：http://www.class.com.cn
http://zyjy.class.com.cn

目 录

第一单元　钳工基本操作技能

课题一　钳工常用设备和量具

一、填空题（将正确答案填写在横线上）

1. 钳台的高度以台面上安装的__________上端到站立着的人下巴之间的竖直距离约____________________的长度为宜，钳台高度通常在________ cm。

2. __________是用来夹持工件的通用夹具，其规格用钳口的________表示，有100 mm、125 mm和150 mm等。

3. 普通游标卡尺由______________________________组成，可以测量__________、__________和深度；分度值有________、________和________等。

4. 千分尺的测量精度为________。

二、判断题（正确的打“√”，错误的打“×”）

1. 游标卡尺可用来测量铸件和锻件的毛坯尺寸。（　）
2. 千分尺只有螺旋测微仪一种。（　）
3. 测量时千分尺的工作面应与被测工件表面重合，不能有所歪斜。（　）
4. 分度值为0.02 mm的游标卡尺产生的误差为±0.02 mm。（　）
5. 游标卡尺读数时，视线应尽可能与游标卡尺的刻线表面垂直。（　）

三、选择题（将正确答案的代号填在括号内）

1. 固定式台虎钳通过调整（　）来夹紧和放松工件。

A. 固定钳身　B. 活动钳身　C. 钳口　D. 丝杠

2. 一般钢直尺的测量精度可能是（　）。

A. 0.1 mm　B. 0.5 mm　C. 1 cm　D. 以上都有

3. 要精确测量铜管的内径，要求精确到0.01 mm，宜使用（　）。

A. 钢直尺　B. 游标卡尺

C. 水平仪　D. 螺旋测微仪

四、简答题

1. 读出图1—1—1至图1—1—3所示游标卡尺的读数。

（1）10个等分刻度

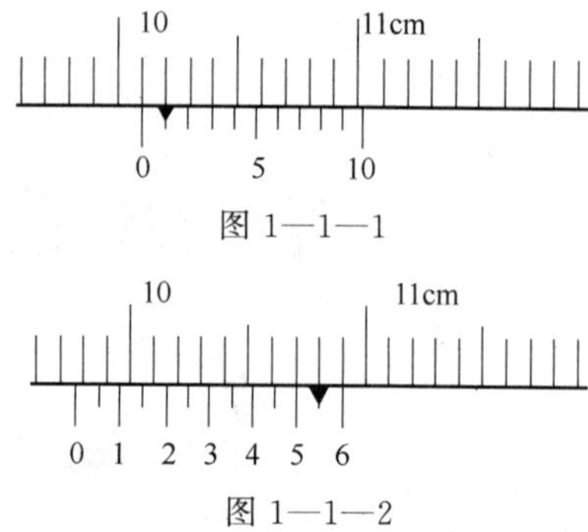

图 1—1—1

图 1—1—2

（2）20 个等分刻度

（3）50 个等分刻度

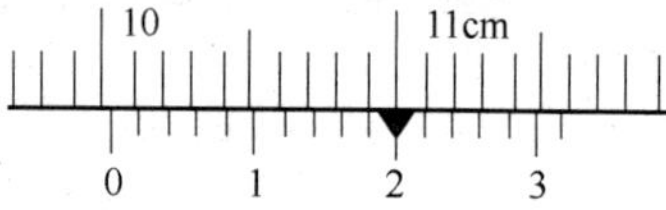

图 1—1—3

2. 总结游标卡尺读数的方法和步骤。

课题二　平 面 划 线

一、填空题（将正确答案填写在横线上）

1. 划线是指在________________上，用划线工具划出待加工部位的____________或作为基准的点和线。

2. 当坯料上出现某些缺陷时，可通过划线时________方法进行补救。

3. 划线工具包括____________、__________、__________、__________、__________、__________和__________。

4. 钢直尺在划线时有三个作用，分别是________________、________________和________________________。

5. 图样上所用的基准称为____________，划线时所用的基准称为____________。

二、判断题（正确的打“√”，错误的打“×”）

1. 划线基准应与设计基准一致。（　　）
2. 用样冲在直线上冲点的距离可大点，在曲线上的冲点距离应小一些。（　　）
3. 在线条的交叉转折处必须冲点。（　　）
4. 直径大于 20 mm 的圆周上采用 6 个冲点即可。（　　）
5. 用划规画圆时，作为旋转中心的一脚应加以较小压力。（　　）
6. 划线时，必须先从基准线开始。（　　）

三、选择题（将正确答案的代号填在括号内）

1. 划线时，划针与钢直尺导向面之间保持（　　）夹角。

A. 5°～10°　　B. 10°～15°

C. 15°～20°　　D. 20°～25°

2. 划线时，划针应向其拖动方向倾斜，并与工件表面之间保持（　　）夹角。

A. 25°～30°　　B. 45°～75°

C. 15°～20°　　D. 20°～25°

3. 以下不属于划规作用的是（　　）。

A. 画圆和圆弧　　B. 等分线段

C. 等分角度　　D. 测量尺寸

4. 用样冲给短直线冲点时，最少的冲点数为（　　）。

A. 2　　B. 3

C. 4　　D. 以上均可

5. 平面划线时的基准比较简单，一般只要确定好两条相互（　　）的基准线，就能把平面上所有形面的相互关系确定下来。

A. 无关　　B. 平行

C. 交叉　　D. 垂直

四、简答题

1. 简述划线的作用。

2. 列出图 1—2—1 所示工件平面划线所需要的工具。

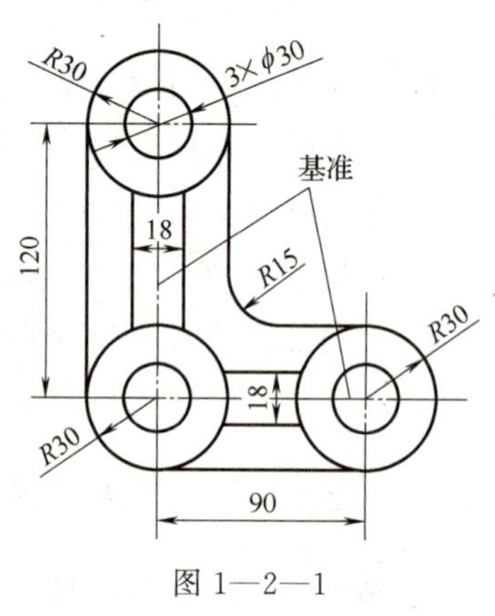

图 1—2—1

课题三 锯 削

一、填空题（将正确答案填写在横线上）

1. 锯削是利用________对材料或工件进行________或________的加工方法。

2. 手锯由锯弓和锯条两部分组成，其中________是用来夹持和拉紧锯条的工具，有__________和__________两种。

3. 锯齿的粗细是以锯条每__ mm 长度内的齿数来表示的，有 14、18、24 和 32 等几种，其中 14～18 个齿的为____________，24～32 个齿的为____________。

4. ____________的容屑槽较大，适用于锯削软材料和较厚、较大的表面。____________适用于锯削硬材料。

5. 锯削姿势有__________运动和________________运动两种。

二、判断题（正确的打“√”，错误的打“×”）

1. 锯削运动的速度一般为每分钟 40 次左右。 （ ）

2. 手锯推出时为切削行程，应施加压力，返回行程不切削，不加压力。 （ ）

3. 锯条的松紧要控制适当，太松切削时容易扭曲，太紧则容易折断。 （ ）

4. 锯条的长度以两头边界线为准。 （ ）

5. 锯削时，工件一般应夹装在台虎钳的右边，锯口应靠近钳口。 （ ）

三、选择题（将正确答案的代号填在括号内）

1. 关于锯条的安装，以下错误的是（ ）。

A. 锯齿齿尖朝前

B. 锯齿齿尖朝后

C. 锯条松紧适度

D. 锯条平面与锯弓中心平面平行

2. 关于起锯时的操作规范，以下说法错误的是（　　）。

A. 左手拇指靠住锯条，右手稳推锯柄

B. 起锯角度稍大于 15°

C. 起锯时行程要短

D. 起锯时压力要小

3. 关于各种型材的锯削，以下说法错误的是（　　）。

A. 锯削薄壁管材时，应从一个方向开始连续锯削到结束

B. 锯削矩形截面的工件时，应从宽部下锯

C. 深缝锯削时，可使锯条旋转 90°

D. 深缝锯削时，可把锯齿朝向锯弓内

四、简答题

1. 锯削时如何根据实际情况选择不同的锯条?

2. 简述锯削的步骤。

课题四　钻孔、攻螺纹、套螺纹

一、填空题（将正确答案填写在横线上）

1. 钳工常用的钻孔工具是__________，它一般采用合金钢制成。

2. 钻孔时，先让钻头________________起钻出一个浅坑，观察钻孔位置是否准确，若有偏差，应在后续钻孔时不断予以校正，最终使起钻坑与________________重合。

3. 攻螺纹是用________在孔壁上切削出____________的操作。

4. 套螺纹是用________在圆杆或管子上切削出____________的操作。

5. 套螺纹时要加____________，以延长____________的使用寿命和减小加工螺纹的________________。

二、判断题（正确的打"√"，错误的打"×"）

1. 攻螺纹时，每旋转 1～2 圈要倒旋约 1/4 圈。（　　）
2. 在套螺纹时，应经常倒转圆板牙 1/4～1/2 圈，以利于断屑和排屑。（　　）
3. 钻孔时，可用手、棉纱或嘴吹来清除切屑。（　　）
4. 钻孔操作中，需要清洁钻床或加注润滑油时，必须切断电源。（　　）
5. 正常套螺纹时，为了将圆板牙自然引进，要施加一定压力。（　　）

三、选择题（将正确答案的代号填在括号内）

1. 钻孔时的切削用量是指（　　）。

A. 切削速度　　B. 进给量　　C. 背吃刀量　　D. 以上都是

2. 关于钻孔时切削速度和进给量，以下说法错误的是（　　）。

A. 用小钻头钻孔时，切削速度要快些，进给量要小些
B. 用大钻头钻孔时，切削速度要慢些，进给量要大些
C. 钻软材料时，切削速度要慢些，进给量要小些
D. 钻硬材料时，切削速度要慢些，进给量要小些

3. 关于钻孔操作注意事项，以下说法错误的是（　　）。

A. 要戴手套操作　　B. 工件必须夹紧
C. 钻孔时，可用毛刷和钩子清除切屑　　D. 钻孔操作时，袖口必须扎紧

4. 关于攻螺纹的操作，以下说法错误的是（　　）。

A. 攻螺纹前，要先在工件上钻好底孔
B. 攻螺纹前，要先在工件上开好倒角
C. 攻螺纹时，丝锥要一直顺时针旋转
D. 攻螺纹时若发现丝锥有倾斜，应在后续攻螺纹中加以校正

5. 关于套螺纹的操作，以下说法错误的是（　　）。

A. 套螺纹使用的工具是麻花钻
B. 套螺纹时应将工件夹持在台虎钳上

C. 套螺纹时要加切削液

D. 套螺纹时应用 V 形木块或厚铜衬作衬垫

四、简答题

1. 简述钻孔的操作步骤和注意事项。

2. 简述攻螺纹的操作步骤和注意事项。

第二单元　制冷管道加工技术及训练

课题一　割管与倒角

一、填空题（将正确答案填写在横线上）

1. 对于小型制冷设备而言，割刀是用来切割________、________和________的工具，常用的割刀有大割刀和小割刀，大割刀可切割直径为__________ mm 的管子，小割刀可切割直径为__________ mm 的管子。

2. 经割刀切割后的管子切口处会发生________________、________________的卷边现象，因此需要用__________对管子进行修整。

3. 倒角操作可分为__________和__________两种。

二、判断题（正确的打“√”，错误的打“×”）

1. 割管时要在管子外壁待割处划上记号。（　　）

2. 将管子嵌入割刀，并尽可能使割刀开口朝上或朝外。（　　）

3. 内、外倒角器的操作面与轴线之间的夹角约为 45°。（　　）

三、选择题（将正确答案的代号填在括号内）

1. 关于割管卷边现象，以下说法错误的是（　　）。

A. 卷边会影响后道工序的加工质量

B. 卷边会影响流过管子内的制冷剂

C. 卷边会有毛刺，不利于管子间的装配连接

D. 以上说法都不对

2. 关于割管操作注意事项，以下说法错误的是（　　）。

A. 切割处的划线要与管轴线垂直，刻线位置误差要小

B. 割刀滚轮刀片要与刻线对齐

C. 滚轮刀片的进给量要严格控制，不能一次过多

D. 可用割刀切割合金钢管

四、简答题

1. 简述割管的操作步骤和注意事项。

2. 简述倒角的操作步骤和注意事项。

课题二　胀口与扩口

一、填空题（将正确答案填写在横线上）

1. 在同管径的焊接连接中，________需要手工操作；在螺纹连接方式中，__________一般也需要手工操作。

2. 胀扩口组合工具包括________________、________________、________________

和________________。

3. 夹具由________、____________和____组成。

4. 管子扩口时，待加工紫铜管用夹具夹紧，并要求端口高度超出夹具工作面________ mm。

5. 扩口前一般要将管子的____________处理掉，再进行____________处理。

二、判断题（正确的打“√”，错误的打“×”）

1. 胀口操作时，紫铜管端口超出夹具工作面不能过大。（　　）
2. 胀口操作必须在工作面进行。（　　）
3. 胀口操作前只需把管子在夹具中夹好即可。（　　）
4. 胀口顶锥的工作外径应等于或略大于被套管子的外径。（　　）

三、选择题（将正确答案的代号填在括号内）

1. 不同管径紫铜管扩口时的预留长度有所不同，ϕ6 mm 紫铜管一般留（　　）mm。

A. 2　　B. 4　　C. 6　　D. 8

2. 关于管子的扩口操作，以下说法错误的是（　　）。

A. 应对端口进行适当的内、外倒角处理

B. 应先把端口边缘上的毛刺全部清除干净

C. 端口超出夹具工作面的高度应尽量多些

D. 紫铜管扩口处要厚薄均匀，加工时的处理也要做到四周一致

四、简答题

1. 简述扩口操作的步骤和注意事项。

2. 简述胀口操作的步骤和注意事项。

课题三　弯管加工

一、填空题（将正确答案填写在横线上）

1. 小管径紫铜管或铝管的弯管工具有____________________和____________________两种，目前常用的是____________________。

2. 四合一弯管器属于____________________的一种，它可以用来弯制____个不同直径的紫铜管。

二、选择题（将正确答案的代号填在括号内）

加工弯管的注意事项，下列说法错误的是（　　）。

A. 加工不同管径的弯管必须在相应的弯管槽中进行

B. 加工中应注意管路方向，起点应置于固定钩处

C. 管段要预先全部量定长度和做刻线记号

D. 各段蛇形管的长度可在弯管加工中边做边测量、调整

三、简答题

1. 简述用四合一弯管器进行弯管操作的步骤。

2. 简述用四合一弯管器进行弯管操作的注意事项。

第三单元　制冷管道连接技术及训练

课题一　气焊基础

一、填空题（将正确答案填写在横线上）

1. 气焊是利用__________与__________混合燃烧时放出的________对金属进行焊接的一种加工方法。

2. 气焊设备包括____________、____________________、______________、____________等。

3. 氧气瓶内储存的氧气压力最高达____ MPa，而实际使用气焊时要求的压力为______ MPa，因此需要____________。

4. 气焊时使用的乙炔压力通常不大于____ MPa，这一压力低于乙炔瓶内储存的乙炔压力，因此需要用到__________。

5. 焊炬又称________，其作用是对可燃气体与助燃气体进行____________，并控制混合气体的____________，以获取不同____________的火焰。

6. 可燃气体与助燃气体混合比例不同，燃烧形成的火焰性质也不同，一般分为__________、氧化焰和__________三种。

7. 在气焊过程中，由于某种原因而导致焊接火焰进入软胶管内逆向燃烧，这种现象称为________。为了防止回火进入可燃气瓶，在可燃气瓶和焊炬之间加装____________。

二、判断题（正确的打“√”，错误的打“×”）

1. 气焊的可燃气瓶和氧气瓶都可安装相同的减压器。（　　）

2. 气焊火焰的熄灭要先关可燃气调节手轮，后关氧气调节手轮。（　　）

3. 碳化焰的燃气过剩，氧化焰的氧气过剩。（　　）

4. 中性焰的温度高于碳化焰和氧化焰。（　　）

5. 通常用右手握焊炬进行焊接操作。（　　）

三、选择题（将正确答案的代号填在括号内）

1. 关于氧气瓶的安全使用，以下说法错误的是（　　）。

A. 氧气瓶与易燃易爆物品的安全距离应在 10 m 以上

B. 禁止氧气瓶与油脂接触

C. 氧气瓶与乙炔瓶的距离要达 3 m 以上

D. 若氧气瓶的减压器冻结，可用明火烘烤

2. 关于乙炔瓶的安全使用，以下说法错误的是（　　）。

A. 乙炔瓶要保持直立，不可倒置和卧置

B. 乙炔瓶体表面温度不得超过 40 ℃

C. 乙炔瓶必须保留 0.01 MPa 以上的余压

D. 乙炔瓶与明火之间应保持 10 m 以上距离

3. 以下关于减压器的使用，错误的是（　　）。

A. 减压器阀使用完毕，必须把调压螺钉旋松

B. 安装减压器前要略打开瓶阀，以吹除污物，防止灰尘或水分进入减压器

C. 在开启减压器阀时，阀嘴不能朝向人体

D. 减压器阀门顺时针旋转为关，逆时针旋转为开

4. 关于软胶管，以下说法正确的是（　　）。

A. 氧气和燃气软胶管可以相互替代

B. 氧气胶管的内径为 10 mm，颜色为黑色

C. 乙炔胶管的内径为 10 mm，颜色为红色

D. 以上说法都不对

5. 关于焊接火焰性质的描述，错误的是（　　）。

A. 碳化焰火焰较短　　B. 碳化焰由焰心、内焰和外焰组成

C. 中性焰由焰心、内焰和外焰组成　　D. 氧化焰没有内焰

四、简答题

1. 简述氧气瓶的使用注意事项。

2. 简述气焊的步骤。

课题二　制冷维修专用小型气焊设备

一、填空题（将正确答案填写在横线上）

1. 制冷维修专用小型气焊设备所用的燃气通常有______________、______________和________________。

2. 因丁烷气罐容积小、价格高，所以实际生活中大多以________或________作为燃气。

二、判断题（正确的打“√”，错误的打“×”）

1. 小型气焊设备的点火、调节和熄火方法与一般气焊设备的方法和步骤完全一样。（　　）

2. 制冷维修专用小型气焊设备氧气瓶中的氧气和燃气瓶中的燃气不得放尽。（　　）

3. 燃气和氧气转移灌装时，周围不得有明火。（　　）

4. 在燃气的转移灌装中，钢瓶不得直立倒置。（　　）

5. 小型气焊设备氧气使用的软胶管为红色软胶管。（　　）

三、选择题（将正确答案的代号填在括号内）

1. 关于氧气的转移灌装操作，下列说法错误的是（　　）。

A. 氧气转接口的进口端接标准氧气瓶

B. 氧气转接口的出口端接制冷维修专用小型气焊设备的氧气瓶

C. 氧气转移操作前，一次性把转接口的进、出端口旋紧

D. 转移灌装完成后，要先后关闭标准氧气瓶、制冷专用氧气瓶的瓶阀，旋下转接器两端的接口

2.（　　）不是制冷维修专用小型气焊设备所用的燃气。

A. 甲烷　　B. 乙炔

C. 丁烷　　D. 液化石油气

3. 关于小型气焊设备的连接，以下说法错误的是（　　）。

A. 氧气使用蓝色软胶管　　B. 燃气使用红色软胶管

C. 氧气管和燃气管与焊炬连接接口不能互换　　D. 以上说法都不对

四、简答题

1. 简述燃气转移灌装的步骤。

2. 简述氧气转移灌装的注意事项。

课题三　小型制冷设备用紫铜管的钎焊

一、填空题（将正确答案填写在横线上）

1. 钎焊是利用________比母材（被焊工件）低的金属作为钎料，加热后，钎料________，焊件不________，利用液态钎料浸润母材，填充接头间隙并与母材相互扩散，将焊件牢固地连接在一起的焊接方法。

2. 根据钎料熔点不同，将钎焊分为____________和____________两种。

3. 软钎焊的钎料熔点低于____℃，接头承压强度小于____ MPa。硬钎焊的熔点高于____℃，接头承压强度高于____ MPa。

4. 制冷维修中多使用____________，使用钎料一般分为____________和____________。

5. 紫铜管之间的焊接宜选用____________，铜管与钢管或者钢管之间宜用____________，且必须配用________________________。

6. 钎焊接头的承压能力与接头连接面大小有关，因此，钎焊一般采用____________和____________。

二、判断题（正确的打“√”，错误的打“×”）

1. 钎焊连接面越大，焊接接头的承压能力越强。（　　）
2. 钎焊时小管径管子固定在台虎钳上。（　　）
3. 钎焊时大管径管子套入小管径管子约 5～10 mm。（　　）
4. 钎焊焊接面要尽可能远离台虎钳钳口。（　　）
5. 钎焊时，将火焰沿水平方向移向母材，使外焰正好触及母材表面。（　　）

三、简答题

1. 画出搭接焊和套接焊的示意图。

2. 简述 ϕ6 mm 和 ϕ8 mm 紫铜管之间的低银钎焊步骤。

课题四　毛细管和家用电冰箱、房间空调器用干燥过滤器的焊接

一、填空题（将正确答案填写在横线上）

1. 毛细管是内径________ mm，外径________ mm 的紫铜管，在家用电冰箱和大多数房间空调器中都用毛细管作为____________。

2. 毛细管一端连接________________，另一端连接________________。

3. 毛细管的连接一般选用温度相对较低的________________，焊接过程也要特别注意，防止________。

二、判断题（正确的打“√”，错误的打“×”）

1. 毛细管与紫铜管对接焊时，将紫铜管固定在台虎钳上。（　　）

2. 毛细管与紫铜管对接焊时，毛细管插入紫铜管，并把紫铜管焊接端管口夹扁。（　　）

3. 毛细管焊接时，焊炬调至中等偏小火力。（　　）

4. 毛细管焊接时，焊炬调至氧化焰。（　　）

5. 毛细管对接焊时，应用 ϕ6 mm 长度 20～30 mm 的紫铜管套接。（　　）

三、简答题

1. 简述毛细管与 $\phi 8$ mm 紫铜管焊接的操作步骤。

2. 简述毛细管对接焊的操作步骤。

课题五　三通直角焊接

一、填空题（将正确答案填写在横线上）

1. $\phi 6$ mm 的紫铜管与 $\phi 12$ mm 的紫铜管之间进行直角焊接时，应该在 $\phi 12$ mm 的紫铜管上________，把 $\phi 6$ mm 的紫铜管一端加工成________。将________的紫铜管固定在台虎钳上。

2. $\phi 8$ mm 的紫铜管与 $\phi 8$ mm 的紫铜管之间进行直角焊接时，应该在其中一个紫铜管上________，把另外一根紫铜管一端加工成马鞍形，将________的紫铜管固定在台虎钳上，开孔朝____。

3. 毛细管与 $\phi 8$ mm 的紫铜管三通直角焊接时，在 $\phi 8$ mm 的紫铜管上用____________开一个________的圆孔。

二、简答题

1. 简述 $\phi 6$ mm 的紫铜管与 $\phi 12$ mm 的紫铜管间三通直角焊接的步骤。

2. 简述 $\phi 8$ mm 的紫铜管与 $\phi 8$ mm 的紫铜管间三通直角焊接的步骤。

课题六 制冷维修工常用劳保用品

一、填空题（将正确答案填写在横线上）

1. 在进行空调器的一般拆卸工作时，应佩戴____________手套；在进行－20 ℃的低温环境操作时，应佩戴____________手套；在进行焊接操作时，应佩戴____________手套；在高压维修等带电作业场合，应佩戴____________手套。

2. 防护面罩是用来保护________和________免受飞来的____________、____________、____________、________和________________伤害的用具。

3. 制冷维修工操作使用耳塞有两个主要目的：________________________________和________________________。

4. 防护眼镜具有____________、____________、____________、____________等多重防护作用，在焊接操作时可使用________________。

5. 劳保鞋具有________、________、____________、____________、____________、________和吸震等功能。

二、简答题

1. 说明制作蒸发器盘管需要用到哪些劳保用品。

2. 说明焊接操作需要用到哪些劳保用品。

第四单元　制冷维修中常用仪器、仪表的使用

课题一　万用表及其一般使用

一、填空题（将正确答案填写在横线上）

1. 万用表又称三用表，具有测量________、________和________三种主要功能。

2. 万用表有___________和___________两种。

3. 用 MF47 型万用表测量时黑表笔插头插入_______________________；在测量超过 1 000 V以上的电压时，红表笔插头_______________________的孔里；在测量超过_______________________，红表笔插头插入右下方标注____的孔里；在进行其他测量时，红表笔插头插入_______________________的孔里。

4. MF47 型万用表主要由__________、__________、______________________________、___________________、___________和___________________组成。

5. 数字式万用表的测量原理：先对各电量进行____________，再用译码器转译成____________，最后用液晶数码显示器直接以阿拉伯数字的方式显示所测电量的数值。

二、判断题（正确的打“√”，错误的打“×”）

1. 在进行直流电阻测量时，电阻挡每改变一次都必须进行“0”欧姆调节。（　）

2. 空调器控制电路继电器 12 V 直流电压的测量，应将万用表转换开关扳至 50 V 直流电压挡。（　）

3. 进行 380 V 交流电压测量时，要把万用表转换开关扳至 500 V 交流电压挡。（　）

4. 用万用表测量干电池的电压时，应将转换开关扳至 10 V 直流电压挡。（　）

5. 数字式万用表可在 50 ℃的环境中使用。（　）

三、选择题（将正确答案的代号填在括号内）

1. 万用表不使用时，以下说法错误的是（　）。

A. 应将转换开关拨至 500 V 以上的交流电压挡

B. 应将转换开关拨至“OFF”空挡

C. 应将转换开关拨至直流电阻挡

D. 长期不用时，需要取出表内 1.5 V 干电池和 9（15）V 的层叠电池

2. 用万用表测量 220 V 的交流电压时，以下说法错误的是（　）。

A. 黑表笔插入“COM”孔里

B. 转换开关扳至 250 V 交流电压挡

C. 红表笔插入“+”孔里

D. 转换开关扳至 500 V 交流电压挡

3. 用万用表测量电阻值约为 1.5 kΩ 的电阻的精确值，转换开关应扳至（　　）。

A. R×1 Ω　　B. R×10 Ω　　C. R×100 Ω　　D. R×1 kΩ

4. 关于空调控制器 CPU 的 5 V 电压测量，以下说法错误的是（　　）。

A. 黑表笔插入“COM”孔里

B. 红表笔插入“+”孔里

C. 将万用表转换开关扳至“10 V”直流电压挡

D. 以上说法都不对

四、简答题

1. 简述用万用表测量阻值约为 5 Ω 的电阻精确值的步骤。

2. 简述用万用表测量 12 V 降压变压器次级电压的步骤。

课题二　钳形表和兆欧表的使用

一、填空题（将正确答案填写在横线上）

1. 钳形表的全称是钳形电流表，是专门测量＿＿＿＿＿＿＿的电工仪表。

2. 兆欧表也称＿＿＿＿＿或＿＿＿＿＿＿＿＿＿＿，是＿＿＿＿＿测量仪表，一般用来测量电动机、电器、仪器和线路的＿＿＿＿＿＿＿。

3. 兆欧表有三个接线柱，其中两个较大的接线柱上分别标有＿＿＿＿＿＿＿和＿＿＿＿＿＿＿，另外一个较小的接线柱上标有＿＿＿＿＿＿＿或＿＿＿＿＿＿＿。

二、判断题（正确的打“√”，错误的打“×”）

1. 钳形表测量交流电流不需要接入电路。（　　）

2. 钳形表在测量过程中可以变换挡位。（　　）

三、选择题（将正确答案的代号填在括号内）

1. 关于钳形表的测量注意事项，以下说法错误的是（　　）。

A. 对未知电流，应先从量程较大的挡位开始测量电流，然后根据电流的实际大小调整到合适的量程

B. 钳形表的钳口只能夹入一根有电流的被测导线，否则测不出正确的电流值

C. 钳形表使用后，无须将量程转换开关置于最大量程位置

D. 当被测电流小于 5 A 时，可以将通电导线在钳形铁心上绕两圈再进行测量

2. 用指针式兆欧表测量照明和电力线路对地的绝缘电阻，以下说法错误的是（　　）。

A. 将接线柱 E 可靠接地

B. 将 L 接到被测线路上

C. 线路接好后可按顺时针方向摇动兆欧表的发电机摇把，转速由快变慢

D. 约 1 min 后发电机转速趋于稳定，此时，表针所示数值即为被测的绝缘电阻值

3. 用兆欧表测量制冷压缩机电动机对地的绝缘电阻，以下说法错误的是（　　）。

A. 将接线柱 E 可靠接地

B. 将 L 接到电动机绕组各端头上

C. 线路接好后可按顺时针方向摇动兆欧表的发电机摇把，转速由慢变快

D. 以上说法都不对

4. 关于兆欧表的选用，以下说法错误的是（　　）。

A. 测量额定电压在 500 V 以下的电气设备的绝缘电阻时，可选用 500～1 000 V 兆欧表

B. 测量额定电压在 500 V 以上的电气设备的绝缘电阻时，可选用 1 000～2 500 V 兆欧表

C. 测量绝缘子时，可选用 2 500～5 000 V 兆欧表

D. 以上说法都不对

5. 关于兆欧表的使用注意事项，以下说法错误的是（　　）。

A. 测量电气设备的绝缘电阻时，必须先切断电源，然后对设备放电

B. 兆欧表测量前，开路试验要求阻值为零

C. 短接 L 和 E 接线柱，要求阻值为零

D. 兆欧表接线柱上的引出线应选用多股软线，且要有良好的绝缘，两根引线切忌绞在一起

四、简答题

1. 简述用钳形表进行测量的方法步骤。

2. 简述用兆欧表测量照明或电力线路的对地绝缘电阻的方法步骤。

课题三　制冷系统压力测试和制冷剂加注组合工具的使用

一、填空题（将正确答案填写在横线上）

1. 压力测试和制冷剂加注组合工具一般由________________、________________和________组成。

2. 真空压力表既可以测量__________，也可以测量__________，表盘上刻度有____________和____________两种。

3. 加液管是一种机械强度较高的____________或____________________，两端配

上_____________。

二、选择题（将正确答案的代号填在括号内）

1. 关于测量 R22 在常温下的饱和蒸气压力，以下说法错误的是（　　）。
A. 三通截止阀全程关闭
B. R22 钢瓶通过加液管连接三通截止阀的进口
C. 压力表接三通截止阀的压力表接口
D. 待少量制冷剂排出加液管和三通截止阀中的空气后，旋紧三通截止阀，进行读数

2. 关于测量家用电冰箱的蒸发压力，以下说法错误的是（　　）。
A. 测量前在蒸发器回气管上做一个带针阀的三通直角接口
B. 连接前稍微旋开三通截止阀
C. 三通直角接口经加液管接三通截止阀的进口，压力表接三通截止阀的出口
D. 利用回气压力排出加液管和三通截止阀的空气，并读数

三、简答题

1. 简述测量家用电冰箱的蒸发压力的步骤，并画出连接图。

2. 简述测量房间空调器的蒸发压力的步骤，并画出连接图。

课题四　检漏工具及使用

一、填空题（将正确答案填写在横线上）

1. 卤素检漏灯是一种常见的氟利昂检漏仪器，可以检测含卤族元素如____、____和____的制冷剂，它常用________、________作为燃料。

2. 卤素检漏灯的工作原理：利用喷嘴喷射气流产生的________，吸入待测处的气流，若待测处有氟利昂蒸气，会使乙醇或者丁烷燃烧的火焰呈________。

二、选择题（将正确答案的代号填在括号内）

1. 关于卤素检漏灯的使用注意事项，以下说法错误的是（　　）。

A. 只要检测出氟利昂漏点，就应该立即把卤素检漏灯移走

B. 酒精纯度应大于 99％

C. 应经常检查调节阀，以防止燃料从阀芯泄漏燃烧

D. 卤素检漏灯用完熄火后，要即刻旋紧阀门

2. 关于电子检漏仪的使用，以下说法错误的是（　　）。

A. 若要检测 R134a，则要将开关扳至“R134a”挡

B. 检测时，将传感器探头靠近被检验部位，慢慢移动

C. 若有泄漏，“滴滴滴”的叫声频率就会加快，指示灯也开始闪亮

D. 要防止撞击传感器的探头，若有问题，可拆卸探头检查

三、简答题

1. 简述卤素检漏灯的检漏步骤。

2. 简述电子检漏仪的检漏步骤。

第五单元　空调器的安装和移机

课题一　分体挂壁式空调器的安装

一、填空题（将正确答案填写在横线上）

1. 分体挂壁式空调器主要由____________和____________两部分组成，两者之间通常用两段直径________的紫铜管连接。

2. 室内机安装时，其配管可根据需要从____________个不同的位置或方向伸出墙外。

二、判断题（正确的打“√”，错误的打“×”）

1. 安装穿墙套管的目的仅仅是为了防止蚊虫进入房间。（　　）
2. 穿墙孔由室内到室外向下倾斜是为了凝水排水。（　　）
3. 室内机与室外机连接配管小管径铜管是液管。（　　）
4. 凝水排水管需要与室外机连接。（　　）

三、选择题（将正确答案的代号填在括号内）

1. 关于分体挂壁式空调器室内机的选址原则，以下说法错误的是（　　）。

A. 室内机吹出的冷风或热风能顺利到达整个房间

B. 能使空调器连接配管和排水管伸出室外的长度最短

C. 室内机下端与地面间的距离可随意调整

D. 远离可燃气源、热源和厨房油雾源

2. 关于分体挂壁式空调器室外机的选址原则，以下说法错误的是（　　）。

A. 通风条件好

B. 有足够的安装、维修操作空间

C. 周围有坚实的地基或墙体

D. 可安装在潮湿处，以提高空调器效率

3. 关于室内机与配管的连接步骤，以下说法错误的是（　　）。

A. 用螺纹连接的方法连接配管时，先初步旋紧，再用活扳手旋紧，过程中要用力适当

B. 连接电源线和信号线

C. 在配供的排水管内壁涂一层百得胶，然后套紧在室内机排水口上，最后用配供的夹箍或钢丝夹紧

D. 以上说法都不对

4. 钻穿墙孔时，在墙面上钻出直径约 7 cm 的圆孔，钻孔时要（　　）。

A. 垂直墙面钻水平孔
B. 钻出由墙内到墙外逐渐向上倾斜的孔
C. 钻出由墙内到墙外逐渐向下倾斜的孔
D. 以上均可

四、简答题

1. 简述家用分体挂壁式空调器的安装步骤。

2. 简述室外机与配管连接的步骤。

课题二　分体柜式空调器的安装

一、填空题（将正确答案填写在横线上）

1. 分体柜式空调器与挂壁式空调器最大的不同是：制冷系统中的毛细管分配在________机组内。

2. 柜式空调器室内机的安装要求上部预留不小于________，两侧预留不小于________的空间。

二、判断题（正确的打“√”，错误的打“×”）

1. 柜式空调器的室内机组为落地直立安置方式。（　　）
2. 柜式空调器的室内机选址时，应保证地面结实、平坦。（　　）

三、选择题（将正确答案的代号填在括号内）

关于室内机的选址原则，以下说法错误的是（　　）。
A. 要保证室内机冷热空气顺利到达整个房间
B. 配管和电线进出方便，冷凝水和化霜水能顺利流到室外
C. 尽可能不影响原房间的使用和布局
D. 室内机周围不需预留空间

四、简答题

简述分体柜式空调器的安装步骤。

课题三　分体式空调器的移机

一、填空题（将正确答案填写在横线上）

1. 分体式空调器移机需要拆机和安装两个步骤。拆机前，首先要进行________操作：

即将待拆分体式空调器制冷系统中的制冷剂全部转移到____________制冷系统中去。

2. 由于空调器在使用过一段时间后紫铜配管会发硬，所以在重装时____________铜管要小心，切勿弄瘪。

二、选择题（将正确答案的代号填在括号内）

1. 关于拆室外机电源接线和配管顺序，以下说法正确的是（　　）。

A. 管线拆卸的步骤是：电源线和信号线、液管、气管

B. 顺序无所谓

C. 管线拆卸的步骤是：液管、气管、电源线和信号线

D. 管线拆卸的步骤是：气管、液管、电源线和信号线

2. 关于室内机组的拆卸，以下说法错误的是（　　）。

A. 将配管调直

B. 将室内机从支架上脱下后，连同室内机将配管、电线和排水管一起从墙孔中向室内拉出

C. 小心地将配管、电线和排水管一起卷成 50 cm 左右的圆盘

D. 单独将室内机脱下支架，其他不用考虑

3. 所谓分体式空调器的收液，是指把空调系统的液体收到（　　）。

A. 室内机组　　　　B. 室外机组

C. 室内机组、室外机组任选　　　　D. 制冷剂液瓶中

4. 关于收液的操作步骤，以下说法错误的是（　　）。

A. 接通电源并让空调器工作于制冷状态

B. 当机组正常制冷时，立即用手将液管工艺帽盖旋下，并将接在液管上的截止阀打开

C. 当接在气管上的压力表读数接近 0 时，迅速关闭气管上的截止阀

D. 关断电源，将空调器的电源插头从电源插座上拔下

三、简答题

1. 简述分体式空调器的收液步骤并画出连接示意图。

2. 简述分体式空调器的拆机步骤。

综合测试题

综合测试题一

一、填空题（每空 1 分，共 25 分）

在每小题的空格中填上正确答案，错填、不填均无分。

1. 钳台的高度以台面上安装的__________上端到站立着的人下巴之间的竖直距离约____________________的长度为宜，钳台高度通常在________ cm。

2. 当坯料上出现某些缺陷时，可通过划线时________方法进行补救。

3. 千分尺的测量精度为______。

4. 锯削是利用________对材料或工件进行________或________的加工方法。

5. 钳工常用的钻孔工具是__________，它一般采用合金钢制成。

6. 对于小型制冷设备而言，割刀是用来切割________、________和________的工具，常用的割刀有大割刀和小割刀，大割刀可切割直径为________ mm 的管子，小割刀可切割直径为________ mm 的管子。

7. 乙炔气焊时要求的压力为____ MPa，低于乙炔瓶内气体的压力，因此使用时需要______________。

8. 制冷维修专用小型气焊设备所用的燃气通常有________、________和________。

9. 钎焊是利用________比母材（被焊工件）低的金属作为钎料，加热后，钎料________，焊件不________，利用液态钎料浸润母材，填充接头间隙并与母材相互扩散，将焊件牢固地连接在一起的焊接方法。

10. 毛细管的连接一般选用温度相对较低的____________，焊接过程也要特别注意防止________。

11. 钳形表的全称是钳形电流表，是专门测量____________的电工仪表。

二、判断题（每小题 1 分，共 10 分）

正确的打“√”，错误的打“×”。

1. 游标卡尺可用来测量铸件和锻件的毛坯尺寸。（　　）

2. 划线基准应与设计基准一致。（　　）

3. 锯削运动的速度一般为每分钟 40 次左右。（　　）

4. 正常套螺纹时，为了将圆板牙自然引进，要施加一定压力。（　　）

5. 胀口操作时，紫铜管端口超出夹具工作面不能过大。（　　）

6. 通常用右手握焊炬进行焊接操作。（　　）

7. 钎焊连接面越大，焊接接头的承压能力越强。（ ）

8. 毛细管对接焊接时，应用长度约 20～30 mm 的 ϕ6 mm 紫铜管套接。（ ）

9. 在进行直流电阻测量时，电阻挡每改变一次都必须进行“0”欧姆调节。（ ）

10. 安装穿墙套管的目的仅仅是防止蚊虫进入房间。（ ）

三、选择题（每小题 2 分，共 20 分）

在每小题列出的备选项中只有一个是符合题目要求的，请将其代号填入括号内。错选、多选或未选均无分。

1. 固定式台虎钳通过控制（ ）的进退来夹紧和放松工件。

A. 固定钳身　B. 活动钳身　C. 钳口　D. 丝杠

2. 平面划线时的基准比较简单，一般只要确定好两条相互（ ）的基准线，就能把平面上所有形面的相互关系确定下来。

A. 无关　B. 平行

C. 交叉　D. 垂直

3. 手锯推出时为切削行程，应施加压力，返回行程则要（ ）。

A. 不切削　B. 不加压力　C. 自然拉回　D. 以上全对

4. 关于钻孔时的切削速度和进给量，以下说法错误的是（ ）。

A. 用小钻头钻孔时，切削速度要快些，进给量要小些

B. 用大钻头钻孔时，切削速度要慢些，进给量要大些

C. 钻软材料时，切削速度要慢些，进给量要小些

D. 钻硬材料时，切削速度要慢些，进给量要小些

5. 关于割管操作，以下说法错误的是（ ）。

A. 嵌入管子时，割刀张口要稍大于管子外径

B. 割管前，要在管子外壁待割处划线

C. 割管时，将割刀绕管子旋转一圈，若未见偏移，则逆时针旋转进给手轮，将割刀绕管子转动若干圈，直至管子割断

D. 应尽可能使割刀开口朝上或朝外

6. 关于胀口操作，以下说法错误的是（ ）。

A. 作为胀口的紫铜管切口必须把内卷边处理掉，再进行内倒角处理

B. 紫铜管端口超出夹具工作面不能过大

C. 顶锥的工作外径应等于或略大于胀口管子的内径

D. 以上说法都不对

7. 关于焊接火焰性质的描述，以下说法错误的是（ ）。

A. 碳化焰是由于可燃气不足　B. 碳化焰由焰心、内焰和外焰组成

C. 中性焰由焰心、内焰和外焰组成　D. 氧化焰没有内焰

8. 关于万用表，以下说法错误的是（ ）。

A. 每次转换开关变化位置都要进行欧姆调零

B. 在不使用时，应将转换开关拨至直流电阻挡

C. 当不清楚待测电量的大小时，应先将量程置于最大位置进行初测

D. 测量时应检查转换开关是否拨至相应的测量挡位上

9. 关于钳形表的测量注意事项，以下说法错误的是（　　）。

A. 对未知电流，应先从量程较大的挡位开始测量，再根据电流的实际大小调整到合适的量程

B. 钳形表的钳口只能夹入一根有电流的被测导线，否则测不出正确的电流值

C. 在测量过程中可以随时变换挡位

D. 当被测电流小于 5 A 时，可以将通电导线在钳形铁心上绕两圈再进行测量

10. 关于分体挂壁式空调器室内机的选址原则，以下说法错误的是（　　）。

A. 室内吹出的冷风或热风能顺利到达整个房间

B. 能使空调器连接配管和凝水排水管伸出室外的长度最短

C. 室内机下端与地面间的距离可随意调整

D. 远离可燃气源、热源和厨房油雾源

四、简答题（每小题 9 分，共 45 分）

1. 读出图 6—1—1 所示游标卡尺（10 个等分刻度）的测量数据，并写出读数方法。

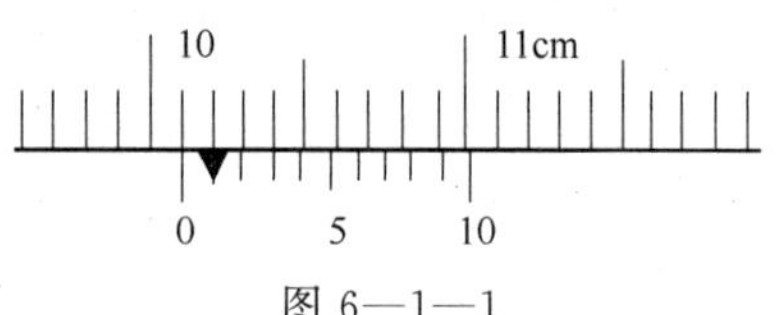

图 6—1—1

2. 列出图 6—1—2 所示工件平面划线所需要的工具。

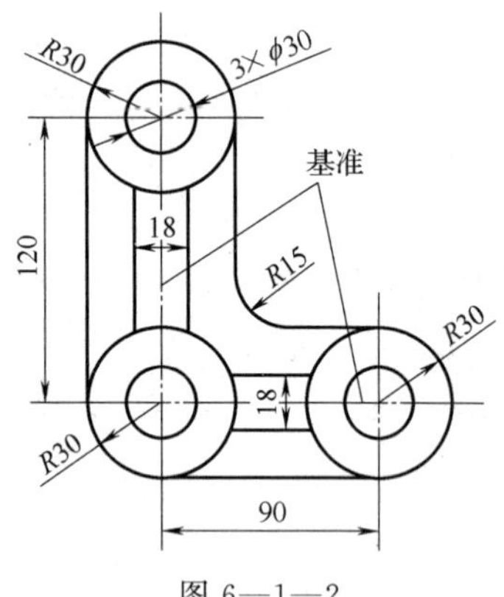

图 6—1—2

3. 简述对 $\phi 8$ mm 铜管进行倒角时所用的工具、操作步骤和注意事项。

4. 简述气焊点火和熄火的操作方法。

5. 简述家用分体式空调器收液的目的和方法。

综合测试题二

一、填空题（每空 1 分，共 25 分）

在每小题的空格中填上正确答案，错填、不填均无分。

1. ________是用来夹持工件的通用夹具，其规格用钳口的________表示，有 100 mm、125 mm 和 150 mm 等。

2. 划线是指在________上，用划线工具划出待加工部位的________或________。划线工具包括________、________、________、________、________、________和________。

3. 手锯由锯弓和锯条两部分组成，其中________是用来夹持和拉紧锯条的工具，有________和________两种。

4. 气焊是利用______________与______________混合燃烧时放出的热量对金属进行焊接的一种加工方法。

5. 根据钎料熔点不同，将钎焊分为__________和__________两种。

6. 软钎焊的钎料熔点低于450℃，接头强度小于70 MPa。硬钎焊的钎料熔点高于____，接头强度高于____ MPa。

7. 兆欧表又称________或____________________，是________测量仪表，一般用来测量电动机、电器、仪器和线路的____________。

二、判断题（每小题1分，共10分）

正确的打“√”，错误的打“×”。

1. 千分尺只有螺旋测微仪一种。（　　）
2. 划线时，在线条的交叉转折处必须冲点。（　　）
3. 手锯推出时为切削行程，应施加压力，返回行程不切削，不加压力。（　　）
4. 钻孔操作中，需要清洁钻床或加注润滑油时，必须切断电源。（　　）
5. 割管时，刀片的进给量要严格控制，不能一次过多。（　　）
6. 中性焰的温度高于碳化焰和氧化焰。（　　）
7. 钎焊时小管径管子固定在台虎钳上。（　　）
8. 毛细管焊接时，焊炬应调至氧化焰。（　　）
9. 测量空调器控制电路继电器12 V直流电压，应将万用表转换开关扳至50 V直流电压挡。（　　）
10. 穿墙孔由室内到室外向下倾斜是为了满足凝水排水的需要。（　　）

三、选择题（每小题2分，共20分）

在每小题列出的备选项中只有一个是符合题目要求的，请将其代号填入括号内。错选、多选或未选均无分。

1. 固定式台虎钳通过调整（　　）来夹紧和放松工件。

A. 固定钳身　　B. 活动钳身　　C. 钳口　　D. 丝杠

2. 冲短直线时最少的冲点数为（　　）。

A. 2　　B. 3　　C. 4　　D. 以上均可

3. 安装锯条时，（　　）。

A. 不用考虑方向　　B. 要齿尖朝前　　C. 要齿尖朝后　　D. 以上说法都不对

4. 关于钻孔操作注意事项，以下说法错误的是（　　）。

A. 要戴手套操作　　B. 工件必须夹紧

C. 钻孔时，可用毛刷和钩子清除切屑　　D. 钻孔时，袖口必须扎紧

5. 关于割管卷边现象，以下说法错误的是（　　）。

A. 卷边会影响后道工序的加工质量

B. 卷边会影响流过管子内的制冷剂

C. 卷边会有毛刺，不利于管子间的相配焊接

D. 卷边不可以用专用倒角器进行修整

6. 关于管子的扩口操作，以下说法错误的是（　　）。

A. 应对端口进行适当的内、外倒角处理

B. 应先把端口边缘上的毛刺全部清除干净

C. 端口超出夹具工作面的高度应尽量多些

D. 紫铜管扩口处要厚薄均匀，加工时的处理也要做到四周一致

7. 关于氧气瓶的安全使用，以下说法错误的是（　　）。

A. 氧气瓶与易燃易爆物品的安全距离在 10 m 以上

B. 禁止氧气瓶与油脂接触

C. 氧气瓶与乙炔瓶的距离要达 3 m 以上

D. 氧气瓶中的氧气可以用尽

8. 关于氧气的转移灌装操作，以下说法错误的是（　　）。

A. 氧气转接口的进口端接标准氧气瓶

B. 氧气转接口的出口端接制冷维修专用小型气焊设备的氧气瓶

C. 氧气转移操作前，一次性把转接口的进、出端口旋紧

D. 转移灌装完成后，要先后关闭标准氧气瓶、制冷专用氧气瓶的瓶阀，旋下转接器两端的接口

9. 关于空调器控制电路 CPU 的 5 V 直流电压测量，以下说法错误的是（　　）。

A. 黑、红表笔的金属探针分别接直流电压的正极和公共端

B. 黑表笔插入“COM”孔里

C. 红表笔插入“＋”孔里

D. 将万用表转换开关扳至“10 V”直流电压挡

10. 关于用兆欧表测量照明和电力线路对地的绝缘电阻，以下说法错误的是（　　）。

A. 将接线柱（E）可靠接地

B. 将接线柱（L）接到被测线路上

C. 线路接好后可按顺时针方向摇动兆欧表的发电机摇把，转速由快变慢

D. 1 min 后发电机转速趋于稳定，此时，表针所示数值即为被测的绝缘电阻值

四、简答题（每小题 9 分，共 45 分）

1. 读出图 6—2—1 所示游标卡尺（20 个等分刻度）的测量数据，并写出读数方法。

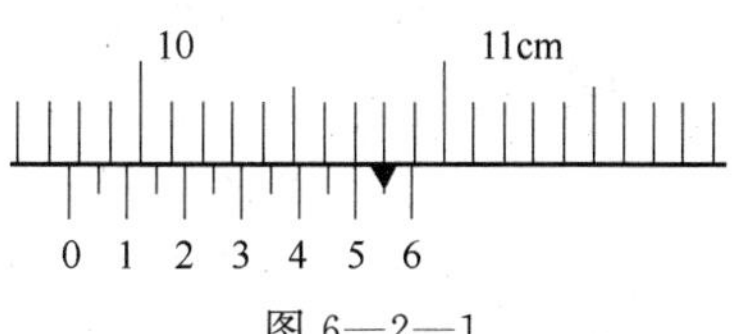

图 6—2—1

2. 简述攻螺纹的操作步骤和注意事项。

3. 简述胀口的目的、操作步骤和注意事项。

4. 简述乙炔瓶的使用注意事项。

5. 简述测量家用电冰箱的蒸发压力的步骤并画出连接图。

综合测试题三

一、填空题（每空 1 分，共 25 分）

在每小题的空格中填上正确答案，错填、不填均无分。

1. 普通游标卡尺由________________________组成，可以测量__________________、____________和____________；分度值有________、0.05 mm 和 0.02 mm 等。

2. 图样上所用的基准称为____________，划线时所用的基准称为____________。

3. 锯齿的粗细以锯条每____ mm 长度内的齿数来表示，有 14、18、24 和 32 等几种，其中 14～18 个齿的为____________，24～32 个齿的为____________。

4. 攻螺纹是用________在孔壁上切削出____________的操作。

5. 夹具由__________、______________和________组成。

6. 毛细管一端连接________________，另一端连接____________。

7. 在进行分体式空调器移机的一般拆卸工作时，应佩戴________手套；在进行－20 ℃的低温环境操作时，应佩戴________手套；在进行焊接操作时，应佩戴____________手套；在高压维修场合，应佩戴________手套。

8. 数字式万用表的测量原理：先对各电量进行________转换，再用译码器转译成____________，最后用液晶数码显示器直接以阿拉伯数字的方式显示所测电量的数值。

9. 收液时，要先接通电源并让空调器工作于________状态，若在冬季移机时，可将室外机的四通换向阀的电源拔去，以强制机组处于________状态。

二、判断题（每小题 1 分，共 10 分）

正确的打“√”，错误的打“×”。

1. 千分尺只有螺旋测微仪一种。（　　）
2. 直径大于 20 mm 的圆周线上采用 6 个冲点即可。（　　）
3. 锯条的松紧要控制适当，太松则切削时容易扭曲，太紧则容易折断。（　　）
4. 钻孔时，可用手、棉纱或嘴吹来清除切屑。（　　）
5. 内、外倒角器的操作面与轴线之间的夹角约 45°。（　　）
6. 胀口前只需把管子在夹具中夹好即可进行操作。（　　）
7. 钎焊时大管径管子套入小管径管子约 5～10 mm。（　　）
8. 毛细管焊接时，焊炬调至中等偏小火力。（　　）
9. 测量 380 V 交流电压时，要把万用表转换开关扳至 500 V 交流电压挡。（　　）
10. 室内机与室外机连接配管中小管径铜管是液管。（　　）

三、选择题（每小题 2 分，共 20 分）

在每小题列出的备选项中只有一个是符合题目要求的，请将其代号填入括号内。错选、多选或未选均无分。

1. 以下不属于划规用途的是（　　）。

A. 画圆和圆弧　　B. 等分线段　　C. 等分角度　　D. 测量尺寸

2. 关于锯条安装，以下说法错误的是（　　）。

A. 锯齿齿尖朝前

B. 锯齿齿尖朝后

C. 锯条松紧适度

D. 锯条平面与锯弓中心平面平行

3. 关于攻螺纹的操作步骤，以下说法错误的是（　　）。

A. 攻螺纹前，要先在工件上钻好底孔　　B. 攻螺纹前，要先在工件上开好倒角

C. 攻螺纹时，丝锥要一直顺时针旋转　　D. 攻螺纹时，应及时排出切屑

4. 关于割管卷边现象，以下说法错误的是（　　）。

A. 卷边会影响后道工序的加工质量

B. 卷边会影响流过管子内的制冷剂

C. 卷边会有毛刺，不利于管子间的装配连接

D. 以上说法都不对

5. 关于割管操作注意事项，以下说法错误的是（　　）。

A. 切割处的划线要与管轴线垂直，刻线位置误差要小

B. 割刀滚轮刀片要与刻线对齐

C. 滚轮刀片的进给量要严格控制，不能一次过多

D. 可用割刀切割合金钢管

6. 关于胀口操作，以下说法错误的是（　　）。

A. 作为胀口的紫铜管切口必须把内卷边处理掉，再进行内倒角处理

B. 紫铜管端口超出夹具工作面不能过大

C. 顶锥的工作外径应等于或略大于被套管子的内径

D. 以上说法都不对

7. 关于乙炔瓶的安全使用，以下说法错误的是（　　）。

A. 乙炔瓶要保持直立，不可倒置和卧置

B. 乙炔瓶体表面温度不得超过 40 ℃

C. 乙炔瓶必须保留 0.01 MPa 以上的余压

D. 乙炔瓶与明火之间应保持 10 m 以上距离

8. 关于用兆欧表测量制冷压缩机电动机对地的绝缘电阻，以下说法错误的是（　　）。

A. 将接线柱（E）可靠接地

B. 将接线柱（L）接到电动机绕组各端头上

C. 线路接好后可按顺时针方向摇动兆欧表的发电机摇把，转速由慢变快

D. 以上说法都不对

9. 关于测量家用电冰箱的蒸发压力，以下说法错误的是（　　）。

A. 测量前在蒸发器回气管上做一个带针阀的三通直角接口

B. 连接前稍微旋开三通截止阀

C. 三通直角接口经加液管接三通截止阀的进口，压力表接三通截止阀的出口

D. 利用回气压力排出加液管和三通截止阀的空气，并读数

10. 关于室内机组拆卸，以下说法错误的是（　　）。

A. 将配管调直

B. 将室内机从支架上脱下后，连同室内机将配管、电线和排水管一起从墙孔中向室内拉出

C. 小心地将配管、电线和排水管一起卷成 50 cm 左右的圆盘

D. 单独将室内机脱下支架，其他不用考虑

四、简答题（每小题 9 分，共 45 分）

1. 简述攻螺纹的操作步骤和注意事项。

2. 简述用四合一弯管器进行弯管操作的步骤和注意事项。

3. 简述氧气瓶的使用注意事项。

4. 简述毛细管与 $\phi 8$ mm 紫铜管焊接的操作步骤。

5. 空调安装完成后，需要进行电气测试，电气测试需要测试哪些内容？用到哪些工具？怎么判断测试是否通过？

综合测试题四

一、填空题（每空 1 分，共 25 分）

在每小题的空格中填上正确答案，错填、不填均无分。

1. ________ 的容屑槽较大，适用于锯削软材料和较厚、较大的表面。________适用于锯削硬材料。

2. 锯削姿势有________运动和________运动两种。

3. 套螺纹是用________在圆杆或管子上切削出________的操作。

4. 经割刀切割后的管子的切口处会发生________、________的卷边现象，因此需要用________对管子进行修整。

5. 管子扩口时，待加工紫铜管用夹具夹紧，并要求端口高度超出夹具工作面____ mm。

6. 小管径紫铜管或铝管的弯管工具有________和________两种，目前常用的是________。

7. 氧气瓶内储存的氧气压力最高达______ MPa，而实际气焊时要求的压力为______ MPa，因此需要________。

8. 焊炬又称________，其作用是对可燃气体与助燃气体进行________，并控制混合气体的________，以获取不同________的火焰。

9. 紫铜管之间的焊接宜选用________，铜管与钢管或者钢管之间宜用________，且必须配用________。

10. 分体式空调器移机需要拆机和安装两个步骤。拆机前，首先要进行________操作：即将待拆分体式空调器制冷系统中的制冷剂全部转移到________的制冷系统中去。

二、判断题（每题 1 分，共 10 分）

正确的打“√”，错误的打“×”。

1. 测量中，千分尺的工作面应与被测工件表面重合，不能有所歪斜。 （　）
2. 用划规画圆时，作为旋转中心的一脚应加以较小压力。 （　）
3. 锯条的长度以两头边界线为准。 （　）
4. 在套螺纹时，应经常将圆板牙倒转 1/4～1/2 圈，以利于断屑和排屑。 （　）
5. 割管时，将割刀插入管子，并尽可能使支架开口朝上或朝外。 （　）
6. 胀口用顶锥的工作外径应等于或略大于被套管子的外径。 （　）
7. 气焊火焰的熄灭要先关可燃气调节手轮，后关氧气调节手轮。 （　）
8. 钎焊焊接面要尽可能远离台虎钳钳口。 （　）
9. 毛细管与紫铜管对接钎焊时，毛细管插入紫铜管，并把紫铜管焊接端管口夹扁。 （　）
10. 用万用表测量干电池的电压时，将转换开关扳至 10 V 直流电压挡。 （　）

三、选择题（每小题 2 分，共 20 分）

在每小题列出的备选项中只有一个是符合题目要求的，请将其代号填入括号内。错选、多选或未选均无分。

1. 要精确测量铜管的内径，要求精确到 0.01 mm，宜使用（　）。

A. 钢直尺　　B. 游标卡尺　　C. 水平仪　　D. 螺旋测微仪

2. 划线时，划针应向其拖动方向倾斜，并与工件表面之间保持（　）夹角。

A. 25°～30°　　B. 45°～75°

C. 15°～20°　　D. 20°～25°

3. 关于起据时的操作规范，以下说法错误的是（　）。

A. 左手拇指靠住锯条，右手稳推锯柄　　B. 起锯角度稍大于 15°

C. 起锯时行程要短　　D. 起锯时压力要小

4. 关于钻孔时的切削速度和进给量，以下说法错误的是（　）。

A. 用小钻头钻孔时，切削速度要快些，进给量要小些

B. 用大钻头钻孔时，切削速度要慢些，进给量要大些

C. 钻软材料时，切削速度要慢些，进给量要小些

D. 钻硬材料时，切削速度要慢些，进给量要小些

5. 关于割管操作，以下说法错误的是（　）。

A. 嵌入管子时，割刀张口要稍大于管子外径

B. 割管前，要在管子外壁待割处划线

C. 割管时，将割刀绕管子旋转一圈，若未见偏移，则逆时针旋转进给手轮，将割刀绕管子转动若干圈，直至管子割断

D. 应尽可能使割刀开口朝上或朝外

6. 关于管子的扩口操作，以下说法错误的是（　）。

A. 应对端口进行适当的内、外倒角处理

B. 应先把端口边缘上的毛刺全部清除干净

C. 端口超出夹具工作面的高度应尽量多些

D. 紫铜管扩口处要厚薄均匀，加工时的处理也要做到四周一致

7. 关于转移灌装注意事项，以下说法错误的是（　　）。

A. 氧气和燃气灌装时，周围不得有明火

B. 制冷专用氧气瓶中的氧气可以放尽

C. 制冷专用燃气瓶中的燃气不得放尽

D. 燃气的转移灌装中，一定要使钢瓶保持倾斜，不得直立倒置

8. 用万用表测量 220 V 的交流电压时，以下说法错误的是（　　）。

A. 黑表笔插入“COM”孔里

B. 转换开关扳至 250 V 交流电压挡

C. 红表笔插入“＋”孔里

D. 转换开关扳至 500 V 交流电压挡

9. 关于兆欧表的选用，以下说法错误的是（　　）。

A. 测量额定电压在 500 V 以下的电气设备的绝缘电阻时，可选用 500～1 000 V 兆欧表

B. 测量额定电压在 500 V 以上的电气设备的绝缘电阻时，可选用 1 000～2 500 V 兆欧表

C. 测量绝缘子时，可选用 2 500～5 000 V 兆欧表

D. 以上说法都不对

10. 关于拆室外机电源接线和配管顺序，以下说法正确的是（　　）。

A. 管线拆卸的步骤是：电源线和信号线、液管、气管

B. 顺序无所谓

C. 管线拆卸的步骤是：液管、气管、电源线和信号线

D. 管线拆卸的步骤是：气管、液管、电源线和信号线

四、简答题（每小题 9 分，共 45 分）

1. 简述割管所用工具、操作步骤、注意事项及需要用到的劳保用品。

2. 简述铜管倒角的目的、操作步骤和注意事项。

3. 简述 $\phi 6$ mm 和 $\phi 12$ mm 的紫铜管间三通直角焊的步骤。

4. 简述测量房间空调器蒸发压力所用的工具，并画出连接图，简述测量步骤。

5. 简述分体式空调器室内机、室外机的选址原则。

综合测试题五

一、填空题（每空 1 分，共 25 分）

在每小题的空格中填上正确答案，错填、不填均无分。

1. 钻孔时，先让钻头____________起钻出一个浅坑，观察钻孔位置是否准确，若有偏差，应在后续钻孔时不断予以校正，最终使起钻坑与____________重合。

2. 套螺纹时要加____________，以延长____________的使用寿命和减小加工螺纹的____________。

3. 倒角操作可分为____________和____________两种。

4. 胀扩口组合工具包括____________、____________、____________和____________。

5. 扩口前一般要将管子的____________处理掉，再进行____________处理。

6. 可燃气体与助燃气体混合比例不同，燃烧形成的火焰性质也不同，一般分为____________、____________和____________三种。

7. 在气焊过程中，会有焊接火焰进入软胶管内逆向燃烧的现象，这种现象称为________。为了防止回火进入可燃气瓶，在可燃气瓶和焊炬之间加装____________。

8. 钎焊接头的承压能力与接头连接面大小有关，因此，钎焊一般采用____________和____________。

9. 毛细管是内径________ mm，外径________ mm 的紫铜管，家用电冰箱和大多数房间空调器中都用毛细管作为____________。

10. 万用表有____________和____________两种。

二、判断题（每小题 1 分，共 10 分）

正确的打“√”，错误的打“×”。

1. 游标卡尺读数时，应使视线尽可能与游标卡尺的刻线表面垂直。 (　　)

2. 划线时，必须先从基准线开始。 (　　)

3. 锯削时，工件一般应夹装在台虎钳的右边，锯口应靠近钳口。 (　　)

4. 攻螺纹时，丝锥每旋转 1～2 圈要倒旋约四分之一圈。 (　　)

5. 割管时要在管子外壁待割处划上记号。 (　　)

6. 胀口操作必须在工作面进行，否则易损伤胀口锥形肩。 (　　)

7. 气焊的可燃气瓶和氧气瓶都可安装相同的减压阀。 (　　)

8. 钎焊时，将火焰沿水平方向移向母材，使外焰正好触及母材表面。 (　　)

9. 毛细管与铜管对接钎焊时，应将铜管固定在台虎钳上。 (　　)

10. 数字式万用表可在 50 ℃的环境中使用。 (　　)

三、选择题（每小题 2 分，共 20 分）

在每小题列出的备选项中只有一个是符合题目要求的，请将其代号填入括号内。错选、多选或未选均无分。

1. 划线时，划针与钢直尺导向面之间保持（　　）夹角。

A. 5°～10°　　B. 10°～15°

C. 15°～20°　　D. 20°～25°

2. 关于各种型材的锯削，以下说法错误的是（　　）。

A. 锯削薄壁管材时，应从一个方向开始连续锯削到结束

B. 锯削矩形截面的工件时，应从宽部下锯

C. 深缝锯削时，可使锯条旋转 90°

D. 深缝锯削时，可把锯齿朝向锯弓内

3. 钻孔时的切削用量是指（　　）。

A. 切削速度　　B. 进给量

C. 背吃刀量　　D. 以上都是

4. 关于套螺纹的操作，以下说法错误的是（　　）。

A. 套螺纹使用的工具是麻花钻

B. 套螺纹时应经常倒转小半圈

C. 套螺纹时要加切削液

D. 套螺纹时应用 V 形木块或厚铜衬作衬垫

5. 关于割管卷边现象，以下说法错误的是（　　）。

A. 卷边会影响后道工序的加工质量

B. 卷边会影响流过管子内的制冷剂

C. 卷边会有毛刺，不利于管子间的装配连接

D. 以上说法都不对

6. 关于胀口操作，以下说法错误的是（　　）。

A. 作为胀口的紫铜管切口必须把内卷边处理掉，再进行内倒角处理

B. 紫铜管端口超出夹具工作面不能过大

C. 顶锥的工作外径应等于或略大于胀口管子的内径

D. 以上说法都不对

7. 关于软胶管，以下说法正确的是（　　）。

A. 氧气和燃气软胶管可以相互替代

B. 氧气胶管的内径为 10 mm，颜色为黑色

C. 乙炔胶管的内径为 10 mm，颜色为红色

D. 以上说法都不对

8. 关于小型气焊设备的连接，以下说法错误的是（　　）。

A. 氧气使用蓝色软胶管

B. 燃气使用红色软胶管

C. 氧气管和燃气管与焊炬连接接口不能互换

D. 以上说法都不对

9. 万用表不使用时，以下说法错误的是（　　）。

A. 应将转换开关拨至 500 V 以上的交流电压挡

B. 应将转换开关拨至“OFF”空挡

C. 应将转换开关拨至直流电阻挡

D. 长期不用时，需要取出表内 1.5 V 干电池和 9（15）V 的层叠电池

10. 关于兆欧表的使用注意事项，以下说法错误的是（　　）。

A. 测量电气设备的绝缘电阻时，必须先切断电源，然后对设备放电

B. 兆欧表测量前，开路试验要求阻值为零

C. 短接 L 和 E 接线柱，要求阻值为零

D. 兆欧表接线柱上的引出线应选用多股软线，且要有良好的绝缘，两根引线切忌绞在一起

四、简答题（每小题 9 分，共 45 分）

1. 简述锯削的步骤，并说明如何根据实际情况选择不同的锯条。

2. 简述制作蒸发器盘管需要用到的量具、工具和劳保用品。

3. 简述毛细管对接焊接的操作步骤并画出简图。

4. 画出空调器制冷剂加注的连接简图，并说明加注制冷剂的操作步骤。

5. 分体式空调器移机并在异地重装后，需要进行哪些测试工作才能试运行？